AF362672

RÉPONSE

DE

M. VIBERT,

CULTIVATEUR DE ROSES A CHENEVIÈRES-SUR-MARNE,

AUX ASSERTIONS DE M. PIROLLE,

INSÉRÉES DANS LE PREMIER SUPPLÉMENT

De son Jardinier Amateur,

ANNÉE 1827.

PARIS,

MADAME HUZARD (NÉE VALLAT LA CHAPELLE), LIBRAIRE,

RUE DE L'ÉPERON-SAINT-ANDRÉ-DES-ARTS, N°. 7.

1827.

RÉPONSE

DE

M. VIBERT,

CULTIVATEUR DE ROSES A CHENEVIÈRES-SUR-MARNE,

AUX ASSERTIONS DE M. PIROLLE,

INSÉRÉES DANS LE PREMIER SUPPLÉMENT

DE SON JARDINIER AMATEUR, ANNÉE 1827.

TOUT ce qui s'imprime sur les roses excite vivement ma curiosité, et l'ouvrage, ne fût-il encore que médiocre, que je voudrais le lire ; car si l'auteur ne m'apprend que peu de chose sur la matière qu'il a traitée, il peut m'apprendre à connaître un peu mieux les hommes ; et c'est toujours un avantage.

Le *premier Supplément* au *Jardinier amateur* était en vente, et je me le procurai ; je connaissais son auteur pour un homme d'esprit et pour un amateur distingué, possédant d'ailleurs sur quelques parties de l'horticulture des connaissances aussi variées qu'étendues. Je n'avais pas oublié qu'il y a quelques années nous n'avions pas été tout-à-fait d'accord; mais le temps, qui efface tant de choses de la mémoire des hommes, avait dû, selon moi, calmer les irritations, quelquefois trop vives, de l'amour-propre; d'ailleurs le public éclairé et compétent avait prononcé; prenant en considération le temps où nous vivons, il avait reconnu, d'une part, qu'il est encore des vérités qu'il faut taire, bien moins pour ceux auxquels elles peuvent s'adresser, qu'à cause du parti que la malveillance en peut tirer, et, de l'autre, que celui qui consacre au public ses veilles et ses travaux, ne doit jamais perdre de vue que l'impartialité et un respect profond pour la vérité doivent toujours diriger sa plume. Aucune des deux parties n'avait appelé de ce jugement, on s'était d'ailleurs rendu justice de part et d'autre, et si on ne pouvait pas s'aimer beaucoup, on pouvait au moins s'estimer encore. Ce fut donc sans prévention que j'ouvris le *premier Supplément* du *Jardinier amateur*, bien résolu de tout lire avec attention. Je commençai par la préface; j'ai toujours eu pour ces lectures un goût déterminé, je ne peux mieux les comparer qu'aux post-scriptum des *Lettres des Dames*: c'est là que se trouve souvent l'idée principale, le livre, comme le titre, n'en sont presque toujours que le commentaire. Il régnait dans cette préface un ton de bonne foi et de candeur qui parlait en faveur de l'auteur. Comment, quand on aime l'horticulture, refuser sa bienveillance à un homme qui nous déclare que son ouvrage n'a pas été entrepris par suite *de calculs mercantiles*, et que cet ouvrage *de fond* sera *indépendant de toutes influences quelconques ?* Il paraît que l'envie ne sut pas respecter des intentions aussi pures, que quelques amours-propres s'irritèrent, que des intérêts menacés ou compromis prirent l'alarme, et que l'auteur eut à surmonter de pénibles désagrémens, *suscités par l'intérêt particulier, à déjouer de basses intrigues et à contre-balancer les dégoûtantes manœuvres du genre.* Je savais bien un peu ce qu'il en était de tout cela, et je plaignais sincèrement l'auteur, qui, pour prix de son zèle éclairé, ne rencontrait que des obstacles, et dont les bonnes intentions étaient dénaturées par la mauvaise foi. Hélas! me disais-je, aurait-il eu comme moi le malheur ou l'imprudence de laisser échapper à sa plume quelque importune vérité, ou a-t-il cru que, dans ce siècle de fer, on pouvait, sur de certaines choses, dire le bien et le mal sans s'exposer à un procès de tendance ? Il existe une sympathie secrète entre ceux qui ont éprouvé les mêmes infortunes ; je me sentais entraîné ; le passé fuyait loin de moi, et j'en voulais presque à je ne sais quel libraire, qui, croyant qu'un ouvrage devait particulièrement se recommander par lui-même, s'était cru dispensé de grands frais d'annonces. L'auteur m'apprenait qu'il avait beaucoup d'amis : le nombre que nous en avons se détermine souvent par l'extension que nous donnons à ce mot, et j'ai toujours remarqué que les gens excessivement polis en avaient plus que les autres ; son travail au surplus ne pouvait qu'y gagner, et c'était un avantage que de pouvoir mettre à profit pour son propre compte les lumières et l'expérience de tant de personnes dévouées. Je voyais bien là quelques légers inconvéniens ; mais la raison me disait qu'il n'était pas tout-à-fait impossible d'être reconnaissant envers eux, sans être injuste envers les autres. Pour moi, qui ne demande à ceux qui ne m'aiment pas que de l'indifférence ou de l'oubli, j'étais bien désintéressé dans cette question délicate ; les affections ne s'improvisent pas, et je trouvais tout naturel de s'aquitter envers ses amis. Presque certain de n'obtenir qu'une mention sommaire, je me consolais de ma disgrace, en pensant qu'au moins ma réputation commerciale était sous la sauve-garde de l'auteur; car s'il avait promis de dire franchement son opinion, c'était seulement sur les choses *et jamais sur les personnes*. Je pensais avec satisfaction que nous pourrions quelquefois nous trouver d'accord lorsqu'il s'agirait de flétrir par le ridicule ou de signaler à l'opinion l'impudence de quelques charlatans, qui nuisent autant aux progrès de l'horticulture, que les ouvrages où l'auteur, perdant son sujet de vue, se permet d'offensantes personnalités que rien ne peut justifier (1). Le *Jardinier amateur* était conçu sur un plan vaste et bien ordonné, le succès n'en était peut-être pas impossible ; les difficultés néanmoins étaient grandes, et en admettant que l'auteur les eût surmontées avec succès, comme il nous l'apprend, il fallait encore que son caractère présentât au public une

(1) Il est pénible d'avouer que ce sont des Français ; ils ont parcouru plusieurs cantons de l'Allemagne, vendant à très-bon compte de soi-disant nouveautés et trompant le public par tous les moyens possibles : un d'eux, il y a dix-huit mois, disait positivement que M. Noisette était mort, et se donnait comme attaché à une maison de commerce de Versailles, qu'il citait, dont il donnait même l'adresse et qui n'existe pas. Un autre, dernièrement, déclarait que ma mauvaise santé m'avait fait quitter le commerce. Plusieurs de mes correspondans d'Allemagne m'ont transmis des détails de cette nature.

sorte de garantie morale. Cette importante vérité, il l'a sentie comme moi et il nous l'offre dans sa préface. Ainsi maintenant, grâce à son désintéressement, à ses recherches laborieuses, à ses profondes connaissances, et sur-tout à son équité naturelle, nous aurons un ouvrage qui pourra faire autorité, réunir les opinions, éclairer la science, accorder les amours-propres. Les pages destinées aux *Annales de Flore* seront enfin purgées de ces scandaleuses récriminations, qui, pour être justes quelquefois, n'en sont pas moins déplorables. Plus d'assertions hasardées, plus de perfides insinuations, sur-tout plus d'accusation sans preuves : telles sont les réformes qui vont s'opérer dans nos mœurs comme dans nos livres, et qu'appelaient depuis long-temps les vœux des savans et des amateurs.

Je m'étais livré à ces justes et innocentes observations en lisant la préface du *prémier Supplément* du *Jardinier amateur*, et j'estimais heureux le respectable M. André Thoüin de n'avoir pas été témoin de ces tristes rivalités, qui font autant de mal à l'horticulture en général qu'à ceux qui les provoquent en particulier. Je sentais moins vivement la perte que nous avions faite, en pensant que son âme pure et élevée n'avait pas eu à gémir de ces discordes d'un nouveau genre, auxquelles il n'a peut-être manqué que le scandale d'une biographie ; en évoquant, pour ainsi dire, l'ombre de ce savant modeste, qui fut aussi un homme de bien, l'auteur prenait l'engagement sacré de marcher sur ses traces, et de ne jamais s'écarter de la modération, dont il donna toujours l'exemple. Pour moi, qui prends toujours les mots pour ce qu'ils valent et les phrases pour ce qu'elles disent, je demeurai fermement convaincu de sa sincérité, et je fis de bonne grâce et même avec plaisir, à de si nobles sentimens, le sacrifice de mes anciens déplaisirs.

Je remis au lendemain la suite de l'ouvrage, car il était tard ; mais repassant dans mon esprit tous les désagrémens qui troublent nos plaisirs ou entravent nos jouissances, je ne pus m'empêcher de m'écrier : Ah! que les amateurs seraient heureux, s'il n'y avait ni lisettes, ni hannetons, ni mouches de Saint-Marc, si les livres ne mentaient pas quelquefois et les hommes presque toujours !

Le lendemain, de bonne heure, je repris la lecture de mon livre, et mon impatience me fit d'abord courir à l'article *des rosiers*, sauf ensuite à revenir sur mes pas. Quel fut mon étonnement dès la première page ! M. Pirolle avait jeté son masque. Fiez-vous donc maintenant aux préfaces, croyez encore à ces grands mots de zèle, de désintéressement, d'indépendance. Quel profit croit-il donc tirer de ce tissu d'impostures, et la réputation de son ouvrage doit-elle donc s'établir d'abord sur l'oubli de toutes les convenances sociales ? Voilà l'homme qui tout-à-l'heure se plaignait de l'injustice de ses semblables, qui osait invoquer le nom révéré de M. Thoüin, et qui se présentait comme une victime de l'intrigue, de la cupidité et de la malveillance! Que M. Pirolle l'avoue, si ce respectable savant vivait encore, oserait-il lui présenter son livre, dont les pages, déshonorées par une indécente satire, seront bientôt prisées à leur juste valeur? Que sont devenues ces belles maximes, ces promesses solennelles, et peut-on considérer comme un juge équitable et impartial celui qui foule aux pieds, sans aucune provocation, la réputation d'un homme qui la doit à douze ans d'honorables travaux? Quelle confiance le public accordera-t-il à un ouvrage où l'auteur s'établit modestement juge dans des matières qu'il ne connaît pas à fond, et qu'il ne conçoit pas toujours bien? Lorsque j'aurai prouvé le vide de toutes ces vaines déclama-

tions, réduit à leur juste valeur ces insignifian-
tes exagérations, démontré jusqu'à l'évidence
que M. Pirolle a manqué à ses devoirs comme
écrivain, méconnu, comme homme privé, les
bienséances de la société, compromis ses amis,
je doute que son *premier Supplément* soit un
titre de gloire pour lui.

J'avoue que la lecture de son article sur les
roses m'avait attéré, j'en croyais à peine mes
yeux ; vainement j'interrogeais ma conscience
et mes souvenirs, je ne pouvais rien trouver
qui pût justifier une sortie aussi indécente. Après
avoir mûrement réfléchi, je pris le parti d'a-
dresser à M. Pirolle la lettre suivante, qui
resta sans réponse. Le public appréciera l'intention qui l'a dictée.

Chenevières-sur-Marne, le 10 février 1827.

Monsieur,

J'ai lu dernièrement le *Supplément* de votre
ouvrage, et je n'ai pas été peu surpris de la
manière plus que légère avec laquelle vous vous
exprimez sur mon compte, bien que vous ne
m'ayez pas nommé. L'impartialité est un devoir
chez celui qui écrit, et vous m'avez présenté
comme un homme de mauvaise foi : vous m'a-

vez mis dans la nécessité de rendre ma défense publique ; mais avant de recourir à l'impression des moyens que j'ai à vous opposer, j'ai cru devoir vous demander quelques explications.

Vous avez été induit en erreur sur ce qui se rapporte à mon achat à Montplaisir, et vous avez pu de même avoir été trompé sur d'autres points. Vous me reprochez de changer les noms de mes roses pour les rajeunir, et vous dites que les marchands qui ont été ma dupe conviennent qu'il n'y a chez moi que deux cent cinquante roses qui peuvent être vues avec indulgence. Vous n'avez pu insérer contre moi de si graves inculpations que sur des déclarations écrites et signées des personnes que j'aurais trompées. Si les faits sont vrais, vous avez eu raison de signaler au public une insigne charlatanerie ; mais s'ils sont faux, vous vous devez à vous-même de réparer une erreur qui peut m'être préjudiciable.

Le soin de ma réputation me porte, Monsieur, à vous prier de me faire connaître les noms des personnes dont les plaintes ont pu autoriser vos assertions. En réclamant de votre obligeance cet acte d'équité ; j'ai l'espoir de ne pas être refusé.

J'ai l'honneur, etc.

Me voici donc accusé par M. Pirolle, non pas de ces erreurs qui peuvent résulter de l'ignorance du sujet qu'on traite, ou de celles qui sont toujours inséparables d'un commerce de culture de quelque étendue, quelle que soit la probité d'un marchand; mais d'imposture, de fraude, d'actes de mauvaise foi répétés et envers plusieurs personnes. L'auteur, qui a dû comprendre toute la gravité d'une telle accusation, a dû faire de sérieuses réflexions avant d'attaquer ma réputation. Nul doute qu'il n'ait entre ses mains des preuves multipliées, irrécusables, prêtes à me confondre; tentons toutefois de nous défendre. Traîné, malgré moi, devant le tribunal du public, je ne le récuse pas pour mon juge, l'ouvrage de mon accusateur me fournira quelques armes, et peut-être parviendrai-je à prouver que lorsqu'on en impose sur son propre compte, on peut bien ne pas être plus délicat sur celui des autres.

C'est dans l'ombre que M. Pirolle m'attaque, il n'ose me nommer et me désigne clairement; on dirait que mon nom lui en impose; tout-à-la-fois méchant et timide, il semble qu'un mauvais génie dirige sa plume et le porte, malgré lui, à me nuire. Ses phrases sont quelquefois si obscures et son style si entortillé, que, sans savoir précisément ce qu'il a voulu dire, on voit seulement que son intention est mauvaise. J'ignore s'il y a beaucoup de loyauté dans son attaque; mais ce que je sais très-bien, c'est que si l'on n'a à dire que des choses que l'honneur peut avouer, on n'a pas besoin de tous ces détours. Soit que j'attaque ou me défende, je ne le fais que les preuves à la main, et je ne m'écarterai pas de cette marche. Je ne dirai rien, absolument rien pour ma défense, dont je ne puisse administrer les preuves les plus complètes, soit par le témoignage des personnes les plus recommandables, soit par mes écritures et ma correspondance. Ces documens seront communiqués sans déplacement à M. Pirolle lui-même, s'il veut les consulter.

Sans doute il est pénible d'entretenir le public de ces tristes dissentions; mais l'honnête homme atteint dans ce qu'il a de plus cher, après avoir vainement tenté d'éviter le scandale d'une explication publique, doit-il laisser planer sur sa réputation d'injurieux soupçons ?

L'expérience me force à quelques précautions, afin d'ôter à la malveillance certains moyens usés dont elle pourrait encore se servir, quoique avec peu de succès. Je déclare donc de la manière la plus positive et la plus formelle que ma réponse ne s'adresse qu'à M. Pirolle, que presque toutes les personnes dont les noms sont cités dans son *premier Supplément* me sont connues et que la bienveillance de plusieurs est honorable pour moi. J'affirme que même parmi celles avec lesquelles je n'ai plus ou point de relations, il n'en est aucune qui se respectât assez peu pour souscrire de sa signature les pages 38 et 39; aucune, j'en suis bien sûr, n'oserait accepter cette honteuse solidarité. Je vais plus loin, et je dis que si même les personnes qui me sont le moins favorables eussent été consultées, ces pages scandaleuses n'auraient pas vu le jour. Je sais que la conduite de l'auteur envers moi est inexplicable et qu'elle compromet la délicatesse de quelques personnes, c'est à lui à s'expliquer et à s'accorder avec lui-même; le public n'a pas le droit d'être plus sévère que moi : d'ailleurs on verra plus tard que sur des choses qui se rapportent aux rosiers, il n'a pas même daigné consulter ses amis.

Pages 38 et 39, M. Pirolle nous apprend, en parlant *de la fameuse collection des huit cents roses* et de son auteur, *que des commerçans s'é-*

tant décidés à faire les sacrifices nécessaires pour porter leur collection à ce nombre, ils n'ont pu reconnaître, après deux ou trois ans d'attente, plus de deux cent cinquante variétés fleuristes, c'est-à-dire vues avec l'indulgence que demandent tant de variétés de cent-feuilles, d'alba, de Provins et notamment les roses bleues. Avant de passer outre, arrêtons-nous un instant sur ce mot de bleu écrit en italique. Toutes les fois que l'auteur veut parler des roses, on voit de suite qu'il n'est plus sur son terrain; il faut donc lui apprendre que j'ai moi-même prévenu, il y a long-temps, qu'il ne fallait pas prendre à la lettre les noms de bleue, de noire, etc. ; que cette rose, trouvée et nommée par M. Descemet, cultivée encore sous le nom plus approprié d'ardoisée, est répandue depuis long-temps sous ces deux noms. Ce nom, d'ailleurs, qui ne vient pas de moi, peut être exagéré, mais n'est pas ridicule; il faut toute la pénétration de M. Pirolle pour lui trouver quelque chose de répréhensible. Qu'eût-il donc dit si je l'avais changé? Expliquons notre auteur : il a cru cette rose de moi et a voulu faire croire que j'abusais de ce nom; s'il eût ouvert mon *Catalogue*, il eût vu qu'elle ne m'appartenait pas, et le dernier garçon jardinier du Luxembourg lui eût évité une sottise en lui apprenant qu'elle était de M. Descemet. Continuons : *Ils ont aussi reconnu que le plus grand nombre des plantes prétendues nouvelles n'avaient de nouveau que leurs noms, et qu'elles leur avaient déjà été vendues bien auparavant par les Dupont, les Descemet, les Hollandais, etc., indépendamment de ce qu'ils les avaient encore achetées plusieurs fois sous différens noms. Ils avaient acheté de confiance et sur étiquettes ; ils avaient donc le droit d'exiger que les plantes différassent entre elles, puisque les noms différaient entre eux.* Cette réflexion est très-juste, en supposant que j'aie trompé ces personnes, ce que M. Pirolle est obligé de prouver.

Bien qu'il me qualifie de nouveau marchand, épithète qu'il ne donne pas à ceux qui ne le sont que depuis trois ou quatre ans, je lui dirai que je le suis depuis neuf ans et amateur depuis seize. Le nombre des maisons de commerce auxquelles j'ai livré des rosiers, en France et à l'étranger, est de quinze ou seize. Ce nombre de commerçans n'a tiré de chez moi, année courante, que la dixième partie de ma vente. Ce compte, extrait de mes livres, atteste que le plus grand nombre de mes correspondans sont des amateurs. De ce nombre de quinze ou seize marchands, j'en retire douze, avec lesquels j'ai des relations annuelles et suivies; apparemment parce que je ne les ai pas encore trompés. Il en reste donc trois ou quatre. Si M. Pirolle est réellement dans le secret de mes relations, il appréciera ici ma réserve pour deux; quand il aura produit ses preuves, je verrai ce que j'aurai à dire. Je ne puis néanmoins me dispenser de lui faire observer que par cela seul que les plaintes venaient des marchands, elles demandaient un examen plus sévère. Si j'ai l'habitude de tromper, les amateurs ont dû l'être bien plus fréquemment que les marchands, pour lesquels un homme de mauvaise foi aura toujours plus d'égards; on voit d'ailleurs que leur nombre est beaucoup plus considérable. Cette réflexion a échappé à M. Pirolle; mais que m'importe? on peut provoquer la sévérité de son juge quand on n'a pas besoin de son indulgence. J'étends ici le cercle de ma propre accusation. Quand on a pour soi le témoignage de sa conscience, on peut repousser cette insultante pitié qui semble nous absoudre des fautes qu'elle ne nous suppose pas. Si les marchands ont été mes dupes, les amateurs, en bien plus grand nombre, ont dû l'être bien autrement. Plus de cinquante mille pieds de rosiers, classés et étiquetés, sont sortis de chez moi depuis huit ans, et ces rosiers ont passé dans les mains de plus de trois cents personnes. C'était dans le petit nombre de trois ou quatre marchands qu'il me forçait à chercher mes dupes, moi je lui permets d'étendre son investigation sur tous mes correspondans. Je ne veux pas d'indulgence, qu'on me juge avec sévérité, mais avec justice; que tous ceux qui ont à se plaindre de l'identité de mes fournitures, ou même de mes procédés, élèvent contre moi une voix accusatrice. Ce n'est pas ici une vaine déclamation, et j'autorise M. Pirolle à tirer parti contre moi de tous les documens authentiques qu'il recevra et à les rendre publics. Nul doute que, dans son *second Supplément,* les pièces qui ont motivé son indignation contre moi, et son énergique *Philippique,* seront livrées à l'impression. Et qu'il ne vienne pas se retrancher derrière de fausses considérations colorées d'un vernis d'urbanité. On peut jouer sa réputation, mais celle des autres est un dépôt sacré. Le mépris public, lorsque les lois sont insuffisantes, saurait atteindre le calomniateur. Lorsque M. Pirolle m'aura fait connaître en détail le nom des personnes et la manière dont je les ai trompées, je jugerai si, dans l'intérêt de ma défense, je ne dois pas faire un relevé de ces petites erreurs de toute nature qu'il a pu commettre depuis le moment qu'il a pris la rédaction du *Bon jardinier* jusqu'à ce jour : alors nous verrons jusqu'à quel point s'étend l'infaillibilité de l'auteur. Ici l'avantage sera encore de son côté; car me voilà responsable non-seulement de mes propres fautes, mais de celles de mes ouvriers depuis dix ans : tandis que lui, travaillant seul, à tête reposée, ayant plus de huit mois pour préparer, revoir et corriger son travail, profitant des conseils et de l'expérience de ses amis, dispose d'une foule d'avantages qui me sont refusés. La nature de mes travaux, la saison, le nombre de mes expéditions, tout me commande de me hâter; il peut, au contraire, faire tout avec réflexion et ne rien précipiter. J'aurai plus tard occasion de voir s'il a tiré parti de tous ces moyens de bien faire.

Mais quand M. Pirolle veut parler du détail des opérations du commerce pour m'accuser, on voit qu'il ne les connaît pas et qu'il ne sait pas apprécier les nombreuses difficultés qui se présentent assez souvent. Prouvons-lui qu'il peut arriver quelquefois qu'une personne soit mécontente de ce qu'elle reçoit, sans pour cela qu'un marchand ait tort. J'ai envoyé, il y a quelques années, six rosiers à un amateur dans le ballot d'un autre, le jardinier de celui qui reçut le ballot changea les six rosiers et remit mes étiquettes à d'autres, qu'il livra comme les miens. L'amateur se plaignit, je soutins qu'une telle erreur n'avait pu avoir lieu; on s'écrivit froidement à ce sujet, et neuf mois après on découvrit la fraude. J'arrive un jour chez un amateur, et remarquant qu'il avait marcotté avec beaucoup de soin un damas commun, je lui en demande la raison, il me répond que c'est une Duchesse de Berri que je lui ai envoyée; je lui dis que cela ne se pouvait pas. Je fis déterrer le sujet, et on reconnut qu'au-dessus de la greffe, opérée sur un damas, on avait laissé pousser le sauvageon, dont les rameaux étaient couchés. Souvent des roses portant le même nom, mais autres que les miennes, sont cultivées dans les départemens. L'amateur qui les demande entend celles de sa localité; il peut donc recevoir sous le même nom d'autres roses que celles qu'il a réellement demandées. Ces amateurs auraient donc pu se plaindre de moi si le hasard n'eût fait découvrir ces erreurs, et cependant je n'avais pas de torts envers eux. Je pourrais citer d'autres exemples analogues, qui tous prouveraient qu'il faut mettre beaucoup de circonspection avant d'accuser un marchand de mauvaise foi. Les demandes des amateurs n'ont pas toujours la précision désirable, et quelquefois même se contrarient en quelque sorte; car souvent un amateur forme sa note, y fait entrer des roses médiocres, et vous dit ensuite : Je ne veux que du très-beau. Et en reconnaissant que l'immense majorité des amateurs et des marchands sont des gens délicats et instruits, ne peut-il pas, dans ce grand nombre, se trouver quelques personnes qui épousent les passions des autres ou qui soient mauvais juges ? D'ailleurs les amateurs font-ils tout par leurs mains ? Ne sont-ils pas eux-mêmes dépendans de ceux qui les servent ? Les jardiniers qui ont leur confiance n'en peuvent-ils pas mésuser ? Tout encore n'est-il pas relatif, et ne puis-je pas être moins coupable en faisant vingt erreurs que d'autres qui n'en feraient que cinq ? Lorsque je les reconnais, je m'empresse de les réparer ; c'est un devoir que je remplis. Si je prouve à M. Pirolle qu'il s'est trompé sur mon compte, ce qui serait bien autrement grave, nous verrons quelle satisfaction j'en obtiendrai. S'il ne comprend pas les explications que je viens de lui soumettre, je m'appuierai d'une autorité respectable qu'il ne récusera pas. Personne ne peut être meilleur juge en cette matière que M. Noisette, qu'un commerce très-étendu met à même d'apprécier des difficultés qui ne sont pas de la compétence d'un auteur. On sait que cet estimable cultivateur est incapable d'un acte de condescendance en ma faveur ; mais s'il est sur ce point d'accord avec moi, bien certainement M. Pirolle a tort de vouloir faire considérer comme actes de mauvaise foi des erreurs que l'attention la plus soutenue et la plus grande loyauté ne sauraient toujours prévenir.

Mais supposons que l'auteur eût raison et qu'il eût entre ses mains les preuves irrécusables d'actes de mauvaise foi de ma part, je lui dirais encore : Vous avez méconnu l'importance de votre sujet et oublié que vous vous adressiez à une classe de lecteurs dont l'esprit est juste et éclairé, et qui, en cherchant à s'instruire, méprisent toutes ces indécentes excursions sur la vie privée et ces jugemens plus que téméraires, qui ne sont que l'expression des passions. Quels sont donc les antécédens dont vous pourriez vous prévaloir ? M. Noisette, dans un ouvrage recommandable ; M. Soulange-Bodin, dans des articles bien pensés et bien écrits, ont-ils souillé

leur plume par d'indignes satires ? C'est à
M. Pirolle que cette nouvelle gloire était due,
et c'est en parlant des roses qu'il déchire ma
réputation. Comment ces charmantes fleurs
n'ont-elles pas désarmé sa colère ? On pourrait
croire qu'il n'était pas pénétré de son sujet.
J'ai trompé le public, dit-il, mais ce même
public a dû m'en punir ; car, certes, on ne le
fait pas dupe impunément. Consultons encore
mes livres et ma correspondance, ces documens sont pour moi l'échelle de proportion
avec laquelle je mesure les assertions de l'auteur. Je n'ai pu être accusé qu'après mes fautes
commises, et dans ce cas mes affaires de commerce ont dû en souffrir, mes marchandises
trouver un débouché moins facile et moins
prompt, ma correspondance se ralentir et offrir même la preuve de ma duplicité. Hé bien !
je déclare que, malgré les pertes énormes que
le ver blanc m'a causées pendant ces deux dernières années, mes relations n'ont jamais été
plus actives, ma vente plus considérable ; que
je n'ai pu suffire à mes demandes, et que mes
écritures et toutes les pièces de ma correspondance démentent ou contredisent les assertions
de M. Pirolle (1). Sentant le ridicule de ces ac-

(1) Tout ce que j'avance, reposant sur des preuves *écrites*

cusations, il dit quelque part que les personnes qui sont dupes n'osent pas se plaindre, et les motifs qu'il en donne sont aussi justes que sa bonne foi est grande ; mais pourquoi donc ces personnes continuent-elles leurs relations avec moi, si elles sont mécontentes ? Quoi qu'il en dise, la confiance ne s'*accapare* pas, le mot n'est pas heureux et l'idée n'est pas juste. Si toutefois on peut traiter les sentimens comme les choses, nous pensons que l'auteur n'a pas le secret de ce commerce, qui demanderait au moins de la délicatesse. J'offrirai encore une preuve du peu de cas que je fais de ces graves accusations, et je lui dirai : Je vous produirai des certificats authentiques de vingt-cinq personnes, choisies parmi mes principaux correspondans, qui attesteront qu'elles n'ont rien à me reprocher du côté de la probité et même des procédés, sous la seule condition que vous les transcrirez en détail et textuellement dans votre *second Supplément*. Si ce témoignage imposant de cette notabilité d'amateurs et de marchands ne peut convaincre M. Pirolle, j'avoue que ma logique est à bout.

et authentiques, mes cartons seront ouverts et mes écritures communiquées aux personnes qui désireraient vérifier un fait ou la totalité de ma défense.

Au moins quand il m'a accusé de mauvaise foi, j'ai pu me défendre, l'accusation était bien ou mal motivée. Me voici maintenant sous le poids d'un nouveau procès de tendance : *Je me suis permis des inconvenances ridicules contre mes confrères de France et de l'étranger.* Je comprends très-bien ce que cela veut dire, mais je répéterai que j'ai cité des faits qui n'ont pas été démentis et que j'ai tu les noms de ces personnes : s'il y a inconvenance à dire la vérité et que ce soit le mot propre, de quel terme dois-je me servir en parlant de l'injuste agression de l'auteur contre moi ? Il prétend que je mets trop d'importance à ces faits, que je ne veux pas reproduire ; mais que dirait-il donc si je m'en étais rendu coupable ? Quel heureux chef d'accusation ce serait pour un homme qui me reproche avec tant d'amertume de me tromper quelquefois ! *Il n'est pas plus réservé pour des savans, des auteurs, des amateurs, auxquels ses agressions déplacées n'ont fait que prêter à rire.* M. Pirolle peut consulter le premier chapitre de mon second *cahier*, la réponse à ce passage s'y trouve ; mais je lui observerai que pour un homme d'esprit comme lui, de pareilles accusations sont si vagues, qu'elles se détruisent d'elles-mêmes, et je puis l'assurer

que les savans, les auteurs, les amateurs, qui ne
se prennent pas comme lui d'une récente indignation pour des choses écrites il y a trois ou quatre ans, ne le chargeront jamais de leur défense.
Ces vains fantômes n'effarouchent plus personne ; on cesse d'être invulnérable aujourd'hui
au milieu du cortége dont on cherche à s'en-
tourer ; je me défends seul, attaquez-moi de
même. Que diriez-vous d'ailleurs si, à propos
de ce que vous me dites aujourd'hui, j'allais re-
monter au temps où vous ne vouliez pas que le
bengale fût une espèce ?

Tout s'enchaîne admirablement dans l'ouvrage de M. Pirolle, et les gradations sont ha-
bilement ménagées. Tout à l'heure nous étions
dans le vague, nous voici maintenant dans
l'obscurité. Je cite ce passage en entier, quoiqu'un peu long ; j'avoue toutefois que mon peu
d'intelligence ne m'a pas permis de le bien comprendre : *Beaucoup d'amateurs éclairés ont lu
cette brochure, et tous ont regretté qu'il ait eu
l'imprudence d'y retoucher. On aperçoit en effet
qu'elle devait être un beau tableau d'enseigne
commerciale. On y reconnaît toujours la touche
pure et légère d'un grand maître, un coloris
brillant, des ombres bien ménagées, une heureuse et savante composition. Les roses de l'ar-*

tiste, comme celles de la nature la plus libérale, étaient, on le voit bien encore, les roses inoffensives et séduisantes des grâces et de la beauté. Que fallait-il donc de plus ? Cependant ce chef-d'œuvre, sorti de l'atelier, il paraît que le marchand n'y a plus remarqué que l'absence des aiguillons et qu'il y voulait même des épines très-acérées pour déchirer les yeux dont il redoutait les regards. L'ingénieuse omission du peintre lui a donc semblé une faute. On voit très-clairement qu'il ne s'en est rapporté qu'à lui-même du soin de la réparer, et que, dans son zèle, il n'a pas aperçu combien il se donnait de mal pour gâter le travail délicat d'un de nos plus aimables et spirituels pinceaux, et se faire en même temps beaucoup d'ennemis.

M. Pirolle oublie que, quand on entretient le public de ses propres affaires, il faut toujours ménager son temps et ne pas fatiguer son attention ; mais puisque cet article me regarde, je lui observerai qu'avant tout il faut être intelligible, et que quand je pourrai le comprendre je m'empresserai de lui répondre. J'affirmerais bien que si je savais ce qu'il a voulu dire, je l'exprimerais clairement en quatre lignes.

Quand il veut parler des roses, il est toujours mal inspiré ; nous sortons de l'obscurité, nous voici dans l'absurde. Pages 40 et 41 , après avoir payé aux Hollandais un juste tribut d'éloges , il ajoute : *Si dans un tel pays on ne compte encore que trois ou quatre cents variétés de roses, on peut en CONCLURE que c'est le nombre à-peu-près des variétés auxquelles se réduisent, pour les connaisseurs , les deux ou trois mille noms que l'on peut relever de tous les catalogues qui en ont subi l'examen.* Je prends acte de cette naïve déclaration et de cette preuve des hautes connaissances de M. Pirolle sur les roses. Quel malheur qu'il ne soit pas possible de mettre cette petite faute sur le compte de l'imprimeur! Mais elle est consignée dans deux pages en regard , il n'y faut pas penser. Si une pareille phrase s'était trouvée dans mes chapitres, avec quelle sainte indignation ne m'aurait-on pas accusé d'ignorance? Quelle bonne fortune d'avoir au moins un passage à citer! M. Pirolle me dira peut-être encore que j'attache trop d'importance à de certaines choses ; mais je ne peux me dispenser de lui dire que pour un rédacteur et un homme qui veut faire autorité, il s'est singulièrement trompé : car il faut être poli même avec ceux qui ne sont pas justes. Si je faisais des *erreurs* de cette nature, je ne sais trop ce qu'il m'en adviendrait, et le public pourrait bien dire avec lui : *Il n'en faut pas davantage pour perdre à jamais bien des confiances.* On conçoit que l'auteur dont le travail comprend tout ce qui se rattache à l'agriculture ne peut parler pertinemment sur toutes les matières ; mais à quoi servent les amis si on dédaigne de les consulter ? Ils auraient appris à M. Pirolle que les roses de la Hollande, dont il parle, ne se composent en très-grande partie que de provins, et que nous possédons aujourd'hui plus de quatre cents roses de mérite , qui n'appartiennent pas à cette espèce. On voit qu'il parle aussi lestement des roses que de ma réputation. J'ai rendu, il y a déjà long-temps, justice aux Hollandais, assez de titres les recommandent à la reconnaissance des horticulteurs ; mais je ne veux pas qu'ils se prévalent, dans cette occasion, de l'ignorance de M. Pirolle. Je déclare donc, pour ma part, que je proteste contre son opinion dans ce passage, que je signale comme un de ceux qu'il fera bien de retoucher lors d'une nouvelle édition revue et corrigée ; je proteste encore contre son assertion, d'après laquelle il nous déclare, p. 52, qu'il a soumis son opinion sur les roses à des amateurs distingués : aucun, et particulièrement les deux qu'il cite, ne sont capables d'une telle méprise.

Les passions conseillent mal, et quand on ne sait pas être juste, il est rare qu'on ne soit pas quelquefois en opposition avec soi-même. Nous voyons que dans deux passages M. Pirolle reconnaît positivement que les trois ou quatre cents roses de la Hollande forment à-peu-près le nombre où se réduisent, pour les connaisseurs, les deux ou trois mille noms des divers catalogues ; maintenant que fera-t-il de ce grand nombre de roses obtenues par les amateurs qu'il cite ou ne cite pas, de beaucoup d'autres encore qu'il dédaigne, oublie ou ne connaît pas, et qui n'en existent pas moins, malgré ses proscriptions ? Niera-t-il qu'elles existent ? Il en cite lui-même une partie, et nous lui dirons s'il veut où sont les autres. Que devient alors sa fameuse opinion ? Quand on ne veut être ni juste ni raisonnable, il ne faut pas du moins oublier qu'on est Français ; mais non, M. Pirolle n'a oublié son pays que par distraction. Page 41, nous lisons, au sujet de la collection des roses du Luxembourg, que des amateurs et commerçans anglais, *hollandais* et allemands, qui l'ont visitée, ne nous contestent pas notre supériorité en ce genre : voilà bien les Hollandais donnant un démenti à M. Pirolle. Passons maintenant à la page 126. Il nous apprend que

M. de Jessaint a fait venir, l'année dernière, de
la Hollande deux cents roses, d'après les noms
qui lui étaient inconnus sur nos catalogues, et
qu'à la floraison il n'a trouvé que quinze plantes nouvelles. Comment accorder ce fait positif,
puisqu'il le cite, avec son opinion? L'auteur
nous expliquera cela sans doute dans son *second Supplément;* quant à moi, je n'y comprends rien. Voici encore ce qui prouve qu'il ne
s'accorde pas toujours avec lui-même, ceci
mérite attention; voyons la manière dont il
s'expliquait sur mon compte, en 1824, dans le
Bon jardinier. Après m'avoir cité comme marchand, chose dont il a perdu l'habitude, nous
lisons : *M. Vibert, de Chenevières-sur-Marne,
près Paris, possède une très-belle collection de
rosiers.* « *Son* Catalogue *fait foi qu'il les cultive
» avec une grande passion : il offre aux ama-
» teurs des ressources précieuses pour monter à
» un prix très-raisonnable une collection choi-
» sie. On peut aussi compter tout-à-la-fois sur
» une grande exactitude dans l'*IDENTITÉ *et l'ex-
» pédition.* » J'ouvre le *Jardinier amateur* de
1826, je m'y trouve mentionné honorablement
à la page 577 et à celle 586; on lit : *M. Vibert,
cultivateur à Chenevières-sur-Marne, près
Paris, produit aussi au commerce des avan-*

tages très-précieux en ce genre, auquel il s'attache tout particulièrement. Cette année, il a encore fait des gains notables dans ses semis très-nombreux. Il est connu d'ailleurs pour ne négliger ni soins ni sacrifices pour soutenir sa belle collection ; et ses relations commerciales ont également toute la précision désirable.

Telle était l'opinion de M. Pirolle sur moi en 1826 : cette justice qu'il me rendait était bien chez lui l'expression d'une conviction intime, un hommage rendu à la vérité, car je n'ai jamais eu l'avantage d'être de ses amis ; nous n'avons même pas été liés et je ne l'ai encore vu que deux fois. L'amitié souvent indulgente a parfois ses faiblesses, sur-tout chez les personnes dont l'imagination est un peu exaltée ; mais je puis assurer que ses sentimens pour moi ont toujours été très-modérés ; ses affections sont, à la vérité, très-vives, et soit qu'il parle de moi où qu'il s'adresse à ses amis, on pourrait lui reprocher un peu trop d'abandon et d'entraînement, quoiqu'en sens contraire. En admettant encore qu'autrefois, pour des causes qui me sont inconnues, ou par suite de l'impression de mon premier *cahier* en 1824, il eût été indisposé contre moi, il faut bien reconnaître qu'aucune trace défavorable n'était de-

meurée dans son esprit, puisqu'en 1826 il annon-
çait encore son opinion sur moi d'une manière
équitable et bienveillante. Nous voici arrivé au
mot de l'énigme. Comment cet homme dont
le nom était cité honorablement, qui offrait aux
amateurs des ressources précieuses, dont on
reconnaissait la bonne foi et l'exactitude dans
l'identité, se trouve-t-il accusé tout-à-coup,
quelques mois plus tard, de fraude, de mauvaise foi, de charlatanisme ? M. Pirolle, qui oublie quelquefois les règles les plus simples du
sens commun, devrait savoir que, même en
étant méchant, il faut toujours être conséquent
avec soi-même ; de pareilles maladresses sont
des présomptions d'innocence pour celui que
l'on accuse quand elles n'en sont pas les preuves. Il est difficile de croire que l'auteur ait éta-
bli mon acte d'accusation sur des déclarations
verbales, ou sur des rapports qui pouvaient
être exagérés et d'autant plus suspects qu'il
nous apprend lui-même qu'ils venaient des
marchands. On n'épouse pas avec autant de cha-
leur les intérêts des autres ; on ne fait pas à
l'amour-propre de pareilles concessions ; on ne
se sacrifie pas pour servir des inimitiés particulières : telle est au moins la marche des passions.
Il faut des offenses plus directes, pour se porter

à d'extrêmes violences et fouler aux pieds toute pudeur et toute bienséance. Dans un grand nombre d'occasions, amené à émettre mon opinion sur quelques personnes, je l'ai toujours fait avec équité et modération; si je ne sais pas flatter, je sais être juste, et je signerais mes entretiens comme mes écrits. J'ai rendu et je rendrai encore à M. Pirolle la justice qui lui est due sous plusieurs rapports, lorsque l'occasion s'en présentera, sans m'embarrasser de son blâme ou de son approbation; car jamais je ne confondrai l'homme avec son ouvrage. Le deuxième cahier de mon *Essai sur les roses* a paru en 1826, je l'ai relu avec attention et je n'y vois rien qui puisse alarmer la susceptibilité la plus délicate. Le premier chapitre ne s'adresse qu'à une seule personne, les autres traitent de quelques considérations sur les rosiers; et certes ils sont bien innocens. D'où peut donc provenir cette colère de fraîche date, que rien ne motive et qui a paru de commande à quelques personnes? C'est ce que je ne puis m'expliquer. Ce qu'il y a de positif, c'est que l'auteur a placé quelques personnes de sa connaissance dans une position assez désagréable. Est-ce là de la reconnaissance? J'examinerai plus loin cette question délicate avec tous les ménagemens qu'elle exige.

M. Pirolle aurait-il cru, par hasard, que pour écrire sur les roses, je devais attendre son autorisation, et quelques pages, fruit de mon expérience et de mes loisirs, pour lesquelles je n'ai pas eu besoin de connaissances d'emprunt, auraient-elles excité son indignation ? Dira-t-il que je lui vole ses matières ? Mais je n'ai fait que glaner où l'on peut récolter encore : qu'il les traite à son tour, qu'il m'accable du poids de sa supériorité, j'y consens ; du moins la science y gagnera quelque chose. Moi-même j'ai appelé sur le peu que j'écris une critique éclairée, judicieuse et polie, et une polémique mesurée vaudrait certainement mieux que ces ouvrages qui ne présentent trop souvent que les calculs de l'intérêt, les prétentions de l'amour-propre ou de basses rivalités. J'ai parlé des rosiers dans sept chapitres : supposons que cinq autres personnes de bonne foi, versées dans cette culture, étrangères à toute influence de parti, amies de leur art, se partageant les textes en raison de leurs connaissances particulières, en aient produit autant, nous aurions déjà un ouvrage en quarante-deux chapitres, qui pourrait renfermer tout ce qui se rapporte aux rosiers et à leur culture, depuis les temps les plus reculés jusqu'à ce jour ; maintenant je le demande à ceux qui ont l'habitude de réfléchir et qui jugent le fond et non la superficie des choses; un tel ouvrage ne serait-il pas préférable au premier supplément du *Jardinier amateur?*

L'auteur donne à penser quelque part que j'aurais dit que sans moi on ne connaîtrait pas les roses; je lui répondrai qu'il se trompe encore, et je le défie de citer un passage qui le justifie. S'il mettait en écrivant autant de circonspection que moi, je ne le prendrais pas si souvent en défaut. Je n'ai pas la vaine prétention d'en savoir plus qu'un autre; mais quand je veux écrire quelque chose, je me pénètre de mon sujet; je me borne à ce que je sais, personne ne travaillant ni ne pensant pour moi; ensuite je donne cela simplement comme des essais, car je suis persuadé qu'il y a beaucoup à dire encore: mais sans prétendre donner mes opinions comme des points de doctrine, je crois pouvoir, sans être taxé d'amour-propre, ne pas reconnaître, pour les rosiers, M. Pirolle pour un homme supérieur.

M. Pirolle dit que mon *Catalogue* comprend huit à neuf cents roses, et paraît s'en étonner; nous lui ferons remarquer qu'il n'y en a que sept cent cinquante, et que sur ce nombre, il y en a environ cinquante qui n'ont pas encore pu être assez multipliées pour être livrées au commerce et qui sont, par cette raison, au moins pour le moment, hors de son investigation; ce qui réduit à sept cents le nombre répandu. Que dirait-il donc si je lui citais un catalogue marchand où il y en a douze ou quinze cents, et si je lui disais que je ne porte sur le mien, que les roses multipliées pour la vente seulement, et qu'en ce moment j'ai aux études plus de trois cents bonnes variétés; ce qui peut bien faire croire que je n'ai pas besoin de rajeunir les anciennes? Je le prie d'observer encore qu'en comparant mes *Catalogues*, il reconnaîtra que depuis deux ans j'ai supprimé plus de cinquante sortes, qui maintenant n'offrent plus assez d'intérêt, et que j'ai moi-même annoncé qu'une réforme dans nos collections était nécessaire. Si M. Pirolle voit dans cela de la charlatanerie, le public pourra bien appeler de son jugement.

Quelques noms coulent de sa plume avec une abondance qui va jusqu'à la profusion; mais ce n'est pas le mien. On ne le trouve cité que deux fois, pages 57 et 69, à l'occasion d'une même rose. Citons d'abord la phrase : *Duchesse d'Angoulême* (Vibert), *fleurs très-doubles, rose carnée (Prov.). Beaucoup d'anciennes plantes ont été rebaptisées sous le même nom, sans doute pour en rafraîchir la vogue; c'est plus qu'une erreur pour celui qui vend ou échange: il n'en faut pas davantage pour perdre à jamais bien des réputations.* Nous ne contestons pas la justesse de cette observation, prise dans un sens général; mais nous dirons qu'elle trouvait naturellement sa place vers le milieu de la 46ᵉ. page. Placée ici isolément, seule de sa nature, à la suite de mon nom, cité à l'occasion d'une rose que j'ai trouvée, il est facile, sans beaucoup de pénétration, de reconnaître la charitable intention de l'auteur : confirmons notre sentiment par d'autres exemples. J'ai, quoi qu'en dise le véridique M. Pirolle, trouvé Fanny-Bias en 1817 (1); mais pourquoi, lui, qui est bien loin d'être pour la culture du rosier un praticien consommé, n'admettrait-il pas qu'elle a pu être trouvée avant moi par d'autres? Lorsqu'il aura semé et cultivé lui-même pendant un grand nombre d'années, il saura que cette rose, quoique fort belle, peut se retrouver plu-

(1) Fanny-Bias, sur mon *Catalogue*, est portée comme semence de 1819; mais cette colonne ne présente presque toujours que l'année où les roses de moi sont mises en vente : on en concevra facilement la raison.

sieurs fois, peut-être à la vérité avec quelques différences de caractère, mais si légères, qu'il ne les apercevrait pas lui-même. A l'appui de mon sentiment, citons une autorité qu'il ne récusera pas. Dans l'*Annuaire du Jardinier* pour 1827, on lit : *Bengale du Breuil ou Neumann. Cette espèce a été obtenue au jardin du Luxembourg il y a cinq ans, de graines envoyées à M. Hardy de l'île de Bourbon, et depuis peu M. Neumann l'a rapportée du même pays.* En considérant les circonstances qui sont ici relatées, je regarde le fait de l'identité comme probable; mais j'ajouterai que la nature répétera plutôt vingt fois Fanny-Bias, que deux fois le Bengale cité. Page 46, M. Pirolle convient que des amateurs qui sèment à cent lieues de distance peuvent bien trouver, et très-souvent, les mêmes variétés; on voit que, non content de m'avoir mis à l'index, il me met encore hors du droit commun. Lorsque dans son ouvrage il cite des roses provenant d'amateurs distingués ou de marchands bien connus, je ne viens pas élever des doutes sur ce qu'il dit; car quand une personne d'une réputation intègre, connue par des semis nombreux et de grandes connaissances, nous dit qu'elle a trouvé telle rose, elle doit être crue, bien qu'elle n'en puisse pas adminis-

trer la preuve positive, chose qui est, à rigou-
reusement parler, impossible. Les indignes
procédés de M. Pirolle prouvent bien son ini-
mitié contre moi, mais ne prouvent rien contre
ma moralité; je ne vois pas pourquoi il établi-
rait pour moi une loi d'exception. Il est peu de
pages où l'on ne trouve quelques insinuations
perfides; page 60, en parlant de la Belle-Au-
guste, qu'il se garde bien de déclarer de moi, il
dit qu'elle est effacée par beaucoup d'alba et
qu'elle est aujourd'hui plus négligée. Disons à
l'auteur que cette belle rose marche de pair
avec beaucoup d'autres, et que son expression
de négligée veut dire seulement qu'elle est répandue; ce qui prouve son mérite. Il a d'ailleurs
oublié qu'en 1826, page 566 de son ouvrage,
il avait dit que ses grandes et belles roses sou-
tenaient toujours leur réputation. Page 116, en
parlant des roses de M. Laffey, il cite Isabelle
d'Orléans; aucune des personnes qui l'accompa-
gnaient n'ignorait que cette belle rose était de
moi, lui-même devait le savoir; même silence.
On voit avec quelle intention elle est placée
parmi celles d'un autre cultivateur. C'est une
chose bien décidée, M. Pirolle n'aime pas mieux
mes filles que leur père : toujours il les dédaigne, en parle avec indifférence ou fait peser sur

leur naissance d'injustes soupçons. Toutefois il a fait acte de galanterie et sacrifié aux grâces, il les a trouvées quelquefois fraîches et jolies; mais hâtons-nous de dire qu'il ne les a pas reconnues.

Son envie de nuire se fait remarquer jusque dans les choses les plus indifférentes : ainsi, p. 5o, nous lisons en italique, en parlant du Bengale jaune soufre, *que ce rosier n'est pas le rosier arvensis.* J'ai dit, il y a quatre ou cinq ans, qu'on avait reçu et cultivé, sous le nom de Bengale jaune, le rosier *arvensis*, et j'ai cité un fait véritable dont j'ai été témoin. Il n'y a aucun rapport entre cette citation et le Bengale jaune soufre; mais l'auteur a voulu faire penser que j'avais confondu ces deux roses, bien que cette dernière n'existât pas encore en Europe. Ailleurs il dit, toujours en parlant du Bengale jaune soufre, *d'autres l'ont cherchée aussi, et l'ont si bien trouvé, qu'il se vendra bientôt ici quatre et cinq francs, et moins.* Nous apprendrons d'abord à M. Pirolle ce qu'il paraît ignorer, c'est que cette rose n'est pas le résultat d'une semence obtenue en Europe, mais a été envoyée de l'Inde au Jardin de la Société d'horticulture de Londres. Je conçois bien qu'il ne daigne pas s'occuper de ces petits détails; mais pourquoi parler de ce qu'on ne sait pas ? Et ne peut-il donc me chercher des ridicules sans faire des maladresses ? Quant aux prix de ce Bengale, il en sait tout aussi long : il dit qu'en 1825 ce rosier ne s'est vendu à Londres qu'une guinée ; mais le malheur veut qu'à l'automne de cette même année j'y étais : j'en ai rapporté douze pieds, qui m'ont coûté depuis une guinée et demie jusqu'à trois. A l'automne de 1826, une maison qui me traite favorablement, et dont la bienveillance m'honore, m'en a envoyé cinq pieds à une guinée pièce, qui n'avaient qu'an an. Quant à ce qu'il nous dit que ce rosier se vendra cet automne quatre francs et moins, nous lui dirons qu'il y a quelque inconséquence à lui à entrer dans ces détails, et que s'il eût daigné consulter M. Noisette à cet égard, cet estimable cultivateur, bien autrement compétent que lui pour juger cette question, lui aurait dit avec moi, s'il est vrai que par hasard vous ayez raison : Nous les renverrons en Angleterre.

Les mauvaises causes portent malheur, et véritablement M. Pirolle n'est pas heureux ; toutes les fois qu'il veut parler de moi, tout s'arme contre lui ; la maligne influence de mon nom semble le poursuivre. Cite-t-il quelque chose, quelques faits, rien n'est juste : il n'examine rien, et saisit avec avidité tout ce qu'on lui dit de moi, pourvu que ce soit en mauvaise part. Page 68, en parlant de quelques rosiers de semences non encore multipliés, que j'ai achetés près d'Angers, il cite une rose sous le nom de *Ménars*, et paraît curieux de savoir si je lui conserverai ce nom, ou si je lui en donnerai *d'autres*. Remarquons en passant quelle délicatesse dans ce mot mis au pluriel ! C'est vraiment dans les petites choses que paraît le génie de l'auteur. J'ai acheté à Montplaisir une planche de rosiers de semences qui fleurissaient pour la première fois, et qui n'étaient pas encore multipliés : le jardinier qui m'en vendait la propriété, dans le sens le plus étendu, ne m'a jamais fait connaître qu'il en eût nommé une, et la preuve écrite est entre mes mains. Je pourrais citer, comme témoin et présent au marché, un honorable militaire, que son zèle et son goût placent au premier rang de nos amateurs, si je ne regardais comme indigne de son noble caractère de l'opposer à un homme qui dénature, pour le seul plaisir de nuire, les choses les plus indifférentes. Je citerai M. Ménars lui-même, avec lequel je suis resté plusieurs jours à Angers dans ce même temps, et qui ne m'a jamais parlé de cette circonstance ni alors ni depuis ; et bien certainement j'aurais accédé à son désir s'il me l'eût témoigné. Il m'est permis de trouver singulier que M. Pirolle se prétende mieux instruit que moi de ce qui m'est personnel. Si cette rose, après mon départ, a été multipliée et nommée, le jardinier qui m'a vendu serait coupable ; car elle m'appartenait par mon marché, ainsi que les autres, en toute propriété : il n'en pouvait disposer ni même les nommer, elles n'étaient plus à lui. Dans cela j'ai peut-être été dupe ; mais en nommant cette rose j'ai usé de mon droit.

Fiez-vous donc maintenant aux citations de l'auteur, à sa bonne foi, aux promesses de sa préface, à son érudition, à sa politesse affectée ; vous qui trouvez si difficile d'écrire quelques bonnes pages, apprenez comme on fait des livres. Quand il ne peut dénaturer mes citations, il les exagère. Parle-t-il des échanges, il me fait raisonner comme si j'en proscrivais entièrement l'usage, tandis que je ne me suis élevé que contre l'abus qu'en font certaines personnes en faveur d'autres qui ne dépensent rien. Page 49, en parlant d'un Bengale trouvé autrefois par M. Cartier, il m'accuse de lui avoir donné un démenti ; on va voir son inportance. Je n'ai pas nié, j'ai même reconnu l'existence du Bengale en question. M. Pirolle dit qu'il était jaune pâle ; une personne digne de foi, qui l'a vu aussi, m'a assuré qu'il était d'un blanc sale : une telle rose vue à dix heures du matin, supposons, pouvait être jaune pâle, et à sept heures du soir beaucoup moins jaune encore. En lisant cet article, on doit croire que le prétendu démenti a été donné à l'occasion de l'existence du rosier, tandis que c'est seulement sur la couleur de la rose que nous ne sommes pas d'accord, et n'oublions pas qu'il s'agit de prononcer entre du jaune pâle et du blanc sale ou terne. Voilà, je l'espère, un grave sujet de discussion, et jamais, j'en suis bien sûr, on n'a traité si sérieusement une pareille futilité.

Le cardinal-Mazarin, je crois, disait à un de ses amis qu'il n'avait besoin que d'entendre prononcer trois paroles à une personne pour la trouver coupable ; mais lui répondit son ami, je dirais une et deux font trois. Justement, répartit le ministre ; vous niez le mystère de la Sainte-Trinité. J'en suis à-peu-près réduit là avec M. Pirolle, je ne saurai bientôt plus de quelles expressions me servir, ni de quel sujet parler pour échapper à sa critique un peu acerbe.

Je bornerai là mes citations, et je laisserai de côté quelques petits détails tout aussi fidèles; car toujours aveuglé par ses passions, l'esprit qui le dirige se fait sentir partout et jusque dans la muette éloquence de ses *et cætera*. La préface du *premier Supplément* du *Jardinier amateur* nous apprend que son auteur est loin d'avoir toujours été d'accord avec ses semblables; on pourrait bien, quand on a lu son ouvrage, être porté à croire qu'il a mérité une bonne partie de ses disgraces.

Ici se termine ce que j'ai à dire pour ma justification; je rappelle au public, comme à M. Pirolle, qu'elle s'appuie sur des preuves qu'il peut consulter, et je l'invite à en agir de même quand il voudra m'attaquer de nouveau. Je lui ferai remarquer aussi que j'ai évité l'emploi de quelques mots, qui, bien qu'appropriés à mon sujet, auraient pu le blesser vivement; que je ne me crois pas un adversaire indigne de lui; qu'il peut m'attaquer franchement, clairement, non sur des généralités ou sur de faux rapports; mais sur des faits positifs extraits de mes cahiers; qu'il ne doit pas, sans mandat, se présenter pour défendre la cause des autres; que toutes ces vaines déclamations ne prouvent aujourd'hui que la faiblesse d'une accusation, et que ce

piége grossier ne saurait plus séduire personne;
qu'il a à justifier, par des témoignages authentiques et des preuves écrites, la mauvaise foi dont
il m'accuse, et que son honneur lui défend de
changer le texte de la discussion. Je lui demande
encore de justifier ses intentions au sujet de la
rose bleue, de la duchesse d'Angoulême, de
Fanny-Bias, de la rose de Montplaisir, et d'autres passages encore; d'accorder les principes
de sa préface avec la doctrine de son livre; de
montrer qu'il a été impartial, en mentant au
public avec impudence; indépendant, en foulant
aux pieds toute pudeur pour satisfaire ses passions; fidèle à ses promesses, en s'occupant de
moi autant que de son sujet; enfin de se mettre
d'accord avec lui-même. La charlatanerie n'est
pas seulement dans les faits, elle est encore
dans les mots, dans une suite d'actions répré-
hensibles, dans un langage hypocrite, dans de
perfides insinuations. Si M. Pirolle ne peut absolument rester dans son sujet, qu'il s'unisse à
moi, j'y consens, pour livrer au mépris des
honnêtes gens ceux qui déshonorent la science
par d'indignes écrits, qui font planer sur d'in-
tègres réputations d'injurieux soupçons, dont
de viles passions conduisent la plume, ou qu'une
basse jalousie dévore. Ces matières, traitées

comme considérations générales, peuvent encore offrir quelque intérêt ; prémunissons le public contre l'abus des mots, les faiblesses de l'amitié, les exigences de l'amour-propre ; appuyons l'autorité de nos paroles par une conduite modérée, impartiale, et sur des principes invariables fondés sur l'équité : tels sont et seront toujours les moyens les plus sûrs pour se faire écouter.

Sans demander ni grace ni protection, je cesserai cette polémique, qui ne convient pas à mon caractère, lorsque l'auteur voudra, comme l'a fait celui de l'*Annuaire du Jardinier*, garder sur moi le silence le plus absolu. Enfin je lui rappellerai, s'il trouve ma défense un peu vive, qu'il n'a pas tenu à moi qu'elle ne voie pas le jour : injustement provoqué, j'ai fait le premier pas, l'agresseur ne devait pas rougir de faire le second.

Coup-d'œil sur le JARDINIER AMATEUR.

Puisque M. Pirolle, malgré sa promesse de ne s'occuper que des choses et non des personnes, a cru pouvoir étendre son investigation maladroite sur des détails qui compromettraient ma réputation s'ils étaient prouvés,

je puis bien, à mon tour, examiner quelques parties de son ouvrage. Ce sont des réflexions dont
je fais part au public et non des conseils que je
lui donne ; je ne viens pas lui dire ce qu'à sa
place j'aurais fait, j'exprime seulement ce que
j'aurais évité. Ce n'est ni à l'auteur, ni à moi
à prononcer sur ces questions, c'est au temps
et à la bonne foi des lecteurs que nous devons
en appeler. Je ne suis d'aucun parti, je n'épouse
aucune opinion ; j'ai fait mes preuves de fran-
chise, et je sais ce qu'elles m'ont coûté. J'ai été
accusé d'avoir dit tout haut ce que beaucoup de
personnes pensaient tout bas, il n'y a pas sans
doute grand mérite à cela, mais on en peut
du moins tirer la conséquence que je ne suis
pas capable de sacrifier mes principes et ma
conviction à des calculs d'intérêt ou à des considérations d'amour-propre. Un homme de mon
caractère peut être un instant ébloui par de faux
dehors, mais ne saurait être séduit long-temps.
Je puis me tromper sans doute ; mais je puis du
moins affirmer que mon erreur n'est jamais le
résultat d'une mauvaise intention. Je défie
ceux qui m'accusent de prouver, par une série
de phrases ou de faits, que j'aie manifesté l'envie
de nuire à quelqu'un. Lorsque je suis attaqué,
j'use alors de toutes mes ressources, car je suis

dans le cas d'une légitime défense, et c'est dans
la conduite et les paroles de mes adversaires
que je puise encore mes meilleurs argumens.
Je ne dis pas au public : Croyez-moi sur parole ;
j'expose des faits, des preuves irrécusables, je
mets mon accusateur à découvert, je montre
ses intentions, et je lui dis : Jugez-nous.

Le *Jardinier amateur* ou l'*Horticulteur fran-*
çais parut en 1826, et il est juste de reconnaître qu'il est rédigé sur un plan bien conçu
et sagement distribué. L'auteur avait, à la vérité, sur les ouvrages de cette nature un avantage inappréciable, puisqu'il pouvait tirer parti
des nouvelles connaissances acquises depuis un
certain temps dans toutes les parties de la culture et du perfectionnement des procédés propres à la conservation, à la multiplication, à
l'augmentation même de nos richesses horti-
culturales. Il était d'ailleurs maître de son plan,
libre dans la division de ses parties, et pouvait,
à son gré, selon l'importance de ses matières,
les étendre ou les resserrer ; mais il fallait néanmoins faire un choix judicieux des préceptes,
les exposer avec précision, en déduire les con-
séquences avec justesse, et serrer son style
sans perdre de sa clarté : ces conditions étaient
indispensables dans un ouvrage dont les bornes

étaient déterminées : avouons-le , ces difficultés
ont été surmontées avec succès ; l'auteur a su
éviter l'afféterie et l'obscurité qui s'étaient fait
remarquer dans quelques pages du *Bon jardinier ;* il a su de même résister à l'entraînement
de son imagination un peu vive , et il faut l'en
féliciter, car c'est son péché d'habitude. Ses
digressions sont courtes et rares, quelquefois
même l'expression en est heureuse ; il a senti
que, dans un ouvrage de cette nature, il fallait
marcher vite vers le but ; et c'est encore une
amélioration dont il faut lui savoir gré. On
pourrait lui reprocher quelques mots mal appropriés ou néologiques ; quelques phrases où
la prétention à briller nuit à la clarté du sens ;
mais ces légers défauts de détail doivent dispa-
raître devant l'ensemble, et je ne balance pas à
reconnaître que , pour les personnes qui ne
veulent pas faire des sciences agricoles une
étude spéciale , ce livre peut tenir lieu de beaucoup d'autres , qu'il serait dispendieux de se
procurer. En lisant la préface, on doit regretter
que l'auteur ait été chargé deux ans de la rédaction du *Bon jardinier ;* je pense qu'il doit
être au moins pénible de parler, dans un sens
défavorable, d'un ouvrage dont on s'est occupé,
sur-tout quand on en rédige soi-même un qui

lui est analogue. A cela près, elle est ce qu'elle doit être, écrite sagement, avec modération et sans affectation : l'auteur rend à tous ceux qui lui ont prêté l'appui de leurs talens le juste tribut de son hommage ; c'est la dette de la reconnaissance noblement acquittée, rien n'y sent l'adulation, tout y est vrai : pourquoi n'en a-t-il pas conservé la mémoire ? On ne rencontre dans son ouvrage aucune personnalité offensante, aucune de ces expressions qui décèlent le mépris ou la haine ; les lois de la bienséance n'y sont pas violées ; il n'oublie jamais et ce qu'il se doit à lui-même, et ce qu'il doit au public. Maître de son sujet, l'auteur l'a constamment devant les yeux, et prouve, dans bien des occasions, qu'il est loin d'être étranger aux connaissances dont il nous entretient. Si, dans quelques cas très-rares, qui tiennent plus spécialement à la pratique, je ne me trouve pas tout à fait d'accord avec lui, je me hâte de reconnaître que l'ensemble de son travail mérite des éloges, et qu'il serait difficile de mieux faire sans reculer les bornes qu'il s'est prescrites.

Tel est, suivant mes facultés, le jugement que je peux porter sur les sujets ou les articles dont la connaissance ne m'est pas étrangère, et bien que je n'aie pas à me louer des procédés de l'auteur, je regarderai toujours comme un devoir de lui rendre justice quand l'occasion s'en présentera, sans imposer aucun tribut à sa reconnaissance.

Son *premier Supplément* parut au commencement de 1827, on pouvait s'attendre qu'il serait rédigé dans les mêmes principes et avec la même impartialité. Il n'en fut pas ainsi : la préface, que je regarde comme à-peu-près inutile, ne contient que le récit des difficultés que l'auteur a éprouvées, et le détail de ces misères humaines, comme il les appelle lui-même, qu'il est toujours prudent de taire au public, ou tout au moins sur lesquelles on ne doit pas s'appesantir. Les sentimens qu'il **y** professe comme auteur sont justes, c'est l'exposé des devoirs de l'écrivain ; mais cette obligation qu'il contracte devient ici ridicule, puisqu'il est loin de s'y conformer. Si l'auteur veut encore donner des préfaces à ses supplémens, je regarde comme à propos de ne les faire qu'après, il lui sera alors plus facile de les accorder avec l'ouvrage.

Son indécente sortie contre moi, sans provocation ; ses attaques contre ma réputation ; cette envie de me nuire, qui s'y fait remarquer presque à chaque page ; cette partialité révoltante, pourraient bien m'autoriser à me servir de ses propres expressions, et à lui demander si ce n'est pas là bien réellement ce qu'on peut appeler *les manœuvres du genre.* On pourrait naturellement croire que je me suis rendu coupable envers lui de graves injures depuis 1826. J'ai relu avec soin mon deuxième *cahier*, et j'affirme qu'il n'y a rien de répréhensible ; j'ai supprimé de mon plein gré quelques passages de mon *Catalogue* de 1824, qui, bien que ne contenant que la vérité, avaient servi de prétexte à des attaques inconsidérées. Je crois que l'auteur fait allusion à ces suppressions, page 36 de son *premier Supplément*; mais alors je me trouverais dans une position bien singulière : car je serais en même temps attaqué par lui, pour l'insertion et la suppression de ces mêmes articles. Puisque l'occasion s'en présente ici, voyons quelle était, en 1824, mon opinion sur cet homme qui m'accuse d'avoir manqué aux auteurs. Voici mes paroles : *Un homme dont le nom est devenu justement célèbre par les services qu'il a rendus à la culture d'agrément, aux connaissances et à l'expérience duquel je me plais à rendre la plus éclatante justice,* etc. A la vérité, cette phrase, citée à l'occasion d'un fait qui m'était personnel, a été supprimée, le fait l'ayant été. Elle était alors de ma part, comme elle est encore aujourd'hui, l'expression de la vérité sur le compte de l'auteur. M'ayant prêté des intentions que je n'avais certainement pas, je lui avais rappelé cette maxime d'un ancien sage : *Dans le doute abstiens-toi*. On peut voir qu'il ne s'en est plus souvenu. Quand on voudra, quittant le vague des généralités, spécifier mes fautes et citer le nom des personnes qu'on ne cesse de mettre en avant pour s'en faire un rempart, c'est avec des citations aussi honorables pour elles, que je commencerai ma défense.

L'auteur a-t-il cru que je pousserais la mansuétude au point de garder le silence, ou qu'il suffisait de ne pas me nommer pour demeurer inattaquable ? Ignorait-il que ma voix pouvait retentir aussi loin et aussi fréquemment que la sienne, et que le soin de ma réputation lui proposerait la solution de ce dilemme : ou vous n'avez pas voulu parler de moi, et faites connaître à qui toutes vos allusions peuvent se rapporter; ou vous avez parlé de moi, alors justifiez vos assertions? Le but qu'il s'est proposé n'a pas été atteint, plus de la moitié des personnes qui liront son livre verront bien que sa passion poursuit quelqu'un : mais celles qui ne me connaissent pas ne sauront deviner qui. Quant à celles qui ont des relations avec moi, elles ne seront pas sa dupe, et pourront bien s'aviser de croire que pour attaquer un homme que d'utiles travaux, une probité sévère, un zèle soutenu et quelques connaissances recommandent depuis long-temps à l'attention publique, il faut autre chose que des assertions hasardées, sur-tout quand il propose de les démentir par les pièces nombreuses de sa correspondance. L'auteur promet d'entretenir le public des nouvelles découvertes dont chaque année s'enrichit l'horticulture, d'être impartial, indépendant; et il ne voit pas qu'il fausse toutes ses promesses et viole ses engagemens, en gardant le silence non-seulement sur moi et mes cultures, mais encore sur celles de beaucoup d'autres : au moins devait-il prévenir que, pour des raisons, qu'il eût bien ou mal motivées, il ne voulait pas en parler. Il y a dans ce *Supplément* quelques passages si obscurs et si entortillés, que moi seul peux en deviner le sens, ce qui ne m'arrive cependant pas toujours : innocens relativement au public qui ne peut les concevoir, ils n'absolvent pas pour cela la conscience de l'auteur, et je ne vois pas trop la nécessité de faire imprimer des choses que

personne ne peut comprendre ; il vaudrait sans
doute mieux les adresser dans une lettre à ceux
qu'elles concernent.

Nous trouvons, dans son ouvrage, que pour
ce qui tient aux roses, il a consulté des amateurs instruits, plusieurs même, d'après lui,
lui ont remis des notes. Je ne conteste pas ces
faits pour ce qu'il y a de bien, mais pour quelques
passages que j'ai incriminés ; je persiste à dire
qu'ils lui appartiennent seul, et qu'il faut respecter ses titres de gloire. Si je considère combien étaient grandes les ressources dont il a pu
tirer parti pour son article sur les roses, je ne
peux m'empêcher de remarquer la faiblesse de
son travail en général. La première cause s'en
retrouve dans cette manie de me faire entrer
pour quelque chose dans beaucoup d'articles ;
ce qui embarrasse sa marche et en obscurcit
le sens. Si, en effet, on supprime tous les passages où il est fait mention de moi un peu
plus ou moins directement, son ouvrage y gagne
par la suppression d'un assez grand nombre
d'inutilités.

Si en parlant de quelques amateurs réunis
qu'il désigne sous le nom *Société*, l'auteur n'a
pas eu en vue d'autre importance que celle que
nous attachons à une réunion fortuite de quel-

ques personnes qui ont les mêmes goûts, nous avouons que nous n'avons rien à dire ; mais s'il entendait par hasard créer une société pour s'occuper exclusivement des roses, sans entrer dans aucun détail sur ce qui peut concerner les membres en particulier, je me permettrais quelques observations générales sur les rapports qu'une telle société pourrait avoir avec le public, et j'examinerais s'il ne serait pas utile que l'opinion de son secrétaire lui fût soumise avant l'impression. **Je remets à l'année prochaine mes réflexions à ce sujet, l'intention de l'auteur ne me paraissant pas encore clairement déterminée, et cette matière ne pouvant d'ailleurs être traitée que dans un article spécial.**

Entraîné par la vivacité de son imagination, l'auteur, qui, dans son ouvrage principal, avait su garder de justes mesures, s'abandonne dans quelques pages de son *Supplément* à toute l'impétuosité d'un sentiment, honorable sans doute, mais qui néanmoins a ses bornes ; comme lui j'applaudis au zèle, aux connaissances, aux qualités précieuses, aux vertus privées des personnes qu'il cite le plus souvent ; mais tout en reconnaissant qu'elles ont des droits incontestables à sa reconnaissance comme à la bienveillance publique, je pense que des louanges trop fréquemment répétées sont au moins inutiles. Quant à moi, je lui promets, si jamais nous sommes amis, que je ne veux pas qu'il fasse tant de frais à mon égard. On peut encore reprocher à l'auteur une politesse un peu trop étudiée : en thèse générale, les gens excessivement polis sont moins sincères que les autres. De cette afféterie de politesse à l'adulation la pente est bien douce, et de là à la complaisance le pas est assez glissant. Peut-être est-ce à cette cause que je dois d'avoir été qualifié de *nouveau confrère*, bien que je sois marchand depuis neuf ans ; car l'auteur n'ignorait pas qu'il en citait deux qui ne datent que de ces dernières années. Il n'est pas difficile de découvrir quelle est l'intention qui l'a porté à attacher tant d'importance au nom d'un de ces deux marchands, et à nous présenter chez lui quelques planches de semis comme des champs. Toutefois je rends justice à ce cultivateur que j'estime, et je ne mets que sur le compte de la délicatesse de l'auteur ce petit trait d'équité d'un homme très-poli. Le style est l'homme, a dit Buffon ; et si cette incontestable vérité n'était pas encore assez positive pour quelques personnes, je leur dirais : Lisez et méditez le *premier Supplément* du *Jardinier amateur*.

L'auteur affecte de jouer sur les mots et prend sans doute cela pour des traits d'érudition. Je regarde cette manière de s'exprimer, pardonnable dans la conversation, comme devant être bannie d'un ouvrage sérieux ; je ne crois pas qu'il puisse, à cet égard, s'autoriser de nos bons auteurs, et je suis bien sûr que cela n'a pas fait partie des conseils qu'il dit avoir reçus de M. Thoüin. Je n'ai pas vu que son *Jardinier amateur* contînt aucun de ces puérils jeux de mots, on dirait qu'il a voulu se venger dans son *Supplément* de la contrainte qu'il s'était imposée auparavant. L'occasion s'est présentée plusieurs fois pour moi de faire de l'effet aux dépens des convenances, et j'ai constamment dédaigné ce moyen, que je regarde comme indigne d'un homme bien élevé qui s'adresse au public.

L'auteur ne se pique pas toujours d'une exactitude scrupuleuse ; page 54, il parle d'une pimprenelle jaune double obtenue de semence cette année (1826) par M. Godefroi. Cette pimprenelle jaune soufre, semi-double, est le N°. 158 de mon *Catalogue* et se trouve depuis trois ans dans le commerce Pour rendre à chacun ce qui lui est dû, nous dirons que M. Godefroi est étranger à cette insertion, et que cette erreur est de l'auteur. Puisque le nom de cet estimable cultivateur nous en offre l'occasion, nous lui ferons observer que plusieurs noms propres bien connus sont mal écrits : ces fautes sont légères, j'en conviens; mais quand on a assez de pénétration pour voir du mal où il n'y en a pas, on doit corriger ses fautes avec la plus grande sévérité. Page 106, nous trouvons une erreur un peu plus grave. L'auteur, en parlant de Londres, nous dit que M. Loddiges est le successeur de M. Kenneday, tandis que ce dernier était l'associé de M. Lée; enfin je ferai, avant de changer de texte, une dernière remarque, c'est que l'auteur, qui me paraît avoir beaucoup de facilité dans le travail, en abuse assez souvent; qu'il dédaigne le mot propre et témoigne un peu trop d'amour pour la néologie. Je pense encore que tous ces détails de promenades, de complimens, d'arrivée et de départ, sont au moins superflus; l'urbanité des personnes dont il nous entretient est bien connue; et si leur politesse est moins cérémonieuse que celle de l'auteur, elle est un peu plus sincère. J'ai peut-être le goût mauvais; mais ces pompeuses inutilités me semblent déplacées, et ces détails de la vie domestique, introduits ici sans nécessité, me paraissent des hors-d'œuvres qu'un ou-

vrage destiné à l'instruction ne saurait com-
porter : il eût été facile de rendre compte en
peu de mots de tous ces voyages, la narration
eût été plus simple et plus rapide; mais l'auteur aurait moins brillé; et ce n'est pas là son
compte.

Voici quelques observations que j'adresse encore au public, qui tiennent à la nomenclature
et à la synonymie. Je ne suivrai pas l'auteur
dans ce qu'il nous dit depuis la 53e. page jusqu'à
la 63e., non pas qu'il n'y ait rien à dire, mais
parce que la nomenclature est si variable, qu'à
moins d'être en présence des rosiers dont il a
voulu parler, on ne peut établir son sentiment
d'une manière précise. Il me semble que ce
Supplément ne devrait contenir que les roses
dont il n'a pas fait mention dans son principal
ouvrage; nous en voyons cependant un assez
grand nombre de répétées avec l'indication des
pages où elles se trouvent, ce qui ne paraît
d'aucune utilité. Page 65, en citant la belle
Henriette de la Belgique, qui est notre Enchan-
teresse, il nous dit qu'elle est encore cotée à
cinquante francs sur les catalogues de ce pays:
nous sommes loin de contester le mérite de
cette belle rose; mais c'est un provins dont la
multiplication est facile. Nous assurons qu'elle

peut être obtenue maintenant pour huit francs et à **moins, même en France**, mais greffée; nous reconnaissons d'ailleurs volontiers que cette rose, dans l'origine, a été cotée trop cher dans son pays.

Me voici arrivé à la synonymie, à ce mot qui fera encore long-temps le tourment des amateurs, malgré les catalogues, les commentaires et les dissertations présentes et futures; je vais à ce sujet risquer quelques réflexions, que l'auteur du *Jardinier amateur* trouvera sans doute mauvaises, d'abord parce qu'il ne m'aime pas, et ensuite parce que je ne suis pas tout-à-fait de son avis. C'est en ayant sous les yeux son *Essai* sur cette matière que je raisonne.

Un travail sur la synonymie serait sans doute très-utile s'il était possible de le bien faire; mais les difficultés sont si nombreuses, si grandes et de tant de natures différentes, qu'après de mûres réflexions, je regarde comme impossible de les surmonter d'après la manière dont l'auteur veut opérer. Quand on écrit pour le public, il est inutile de dire des choses qui ne conviennent en grande partie qu'à une localité assez restreinte et qui plus loin n'ont déjà plus de signification. Si l'auteur eût borné sa synonymie aux noms que de longues années ont consacrés et qui sont en usage dans divers départemens, je n'aurais que peu de chose à dire ; mais il a trouvé ces bornes trop resserrées. Son travail est indéfini, sans règles fixes, soumis au caprice, à l'amour-propre de son auteur et peut-être à quelque chose de pire. Vainement dira-t-il qu'il s'appuie de l'opinion des meilleurs cultivateurs et des connaissances de ses amis, il n'en sera rien ; je n'en veux d'autre preuve que ce qu'il a déjà fait. Quelle sera la valeur des raisons qui feront autorité pour reconnaître que tel nom peut être considéré comme synonyme de tel autre ? Qui discutera ces raisons et à quelles limites s'arrêtera-t-on ; car le témoignage d'une personne ne doit pas être suffisant pour faire admettre un nom de plus ? Le bon sens dit bien qu'il ne faut regarder comme synonymes que des noms connus depuis longtemps pour tels, adoptés dans des localités entières et suivis par un grand nombre de personnes : voilà sans doute où la prudence conseille de s'arrêter, car au delà de ce point, c'est la tour de Babel. Qu'il dise, par exemple, que le nom d'ardoisée est le synonyme de la rose bleue (qu'il passe sous silence, sans doute à cause de son aversion pour l'exagération). que Belle de Hesse, l'Illustre, Surpasse Singliton sont les mêmes; que le Triomphe et Boule d'hortensia ne sont qu'une: ces synonymes se comprennent facilement; mais quand il vient dire que l'unique rose de M. Descemet est la même que la Sans-Pareille, il se trompe, la Sans-Pareille de ce cultivateur était ma Triomphante; il se trompe encore quand il dit que Bizarre noire, Blood d'Angleterre et non Bloc, Noire frisée et Noire de Hollande sont les mêmes; nous cultivons ces quatre roses, ainsi que d'autres marchands, dont aucune ne se ressemble. Je lui dirai encore que le pompon carné et Pauline peuvent être les mêmes, mais que le pompon blanc des Hollandais ou à cœur vert est une autre rose qu'il n'est pas permis de confondre; je pourrais lui dire également que la renoncule rouge n'est pas la renoncule pourpre, et que Cléonice et la rose Cartier, qui sont de moi, n'ont aucun rapport ensemble, quoique de la même classe. Il en est de même encore de bien d'autres qu'il serait trop long de citer.

Ne serait-il pas à propos, quand le nom d'une rose est fixé par celui qui l'a trouvé, de ne pas autoriser par l'impression les autres noms que le caprice ou l'ignorance du véritable pourrait introduire? Cette mesure aurait au moins l'avantage d'arrêter, pour les années suivantes,

une partie du mal ; si au contraire on veut regarder comme synonymes tous les noms que
la fantaisie des amateurs ou l'intérêt des marchands peut donner à une même rose, alors il
faut convenir que, tous les ans, l'auteur sera
exposé à recommencer son travail, qui en dé-
finitive encore ne conviendra, tout mauvais
qu'il sera, qu'aux environs de Paris. Je prends
pour exemple Ninon de Lenclos, qui a déjà
cinq noms, d'après l'auteur ; parmi ces noms
on en trouve deux, Phoë et Pulchérie, dont bien
d'autres que moi n'ont jamais entendu parler.
Supposons que, l'année prochaine, il trouve
encore cette même rose chez des amateurs sous
deux ou trois autres noms, il les ajoutera donc
de nouveau ; car ces derniers auront autant de
droits à l'insertion que celui qui la nomme
Phoë ou Pulchérie. Pourquoi consacrer, en
parlant du duc de Guiche, le nom un peu ori-
ginal de Sénat Romain, tombé dès sa naissance.
J'en appelle à l'impartialité de l'auteur : si j'allais m'aviser de changer, dans mes cultures, le
nom des bonnes roses de MM. *Noisette*, *Cartier*
ou *Hardy*, après une mercuriale assez vive et
méritée, mes noms ne seraient-ils pas mis à l'index ? Je ne serais cependant pas plus coupable
que celui qui a nommé Ninon Phoë ; mais

comme il a pour me juger des règles particulières, je suis bien sûr d'avance qu'il verrait
dans mes noms quelques indices de mauvaise
foi; néanmoins il peut très-bien arriver que
les roses de ces personnes me parviennent sous
d'autres noms que les leurs. Mais si nous voyons
déjà à la porte de Paris quelques roses peu
anciennes, avec quatre ou cinq noms, que se-
rait-ce donc, si l'auteur, parcourant les départemens et l'étranger, pouvait les réunir
tous? Alors je lui conseillerais d'avoir un compte
ouvert avec chacune, et de leur donner une
demi-page. Ce qu'il entreprend d'après son sys-
tème est impraticable, et quand il y aura tra-
vaillé dix ans, il n'aura encore fait qu'un travail très-imparfait, et tout au plus bon pour
la banlieue de Paris. Le temps nous apprendra
si M. *Pirolle* n'a pas été un peu téméraire d'es-
sayer ses forces dans une partie si difficile, à
laquelle même il est à-peu-près étranger. Il y
a malheur ou maladresse à mal choisir son sujet:
puisse-t-il une autre fois être mieux inspiré,
et se méfier sur-tout des renseignemens qu'il
se procure!

Paris, Imprimerie de Madame Huzard (née Vallat la Chapelle),
rue de l'Éperon, n°. 7. Juin 1827.